越想越覺得時間真神奇！

從各種觀點探討時間的謎團吧！

古代人們把天體運行和時間的循環視為一體，認為時間是「循環的東西」。英國科學家牛頓（Isaac Newton，1643～1727）主張，在這個世界上「絕對時間」（absolute time）從無限的過去流向永遠的未來。但是，後來在德國出生的科學家愛因斯坦（Albert Einstein，1879～1955）提出了「相對論」（theory of relativity），主張時間會因為立場不

從物理學的觀點思考時間

同而「伸縮」。而在物理學研究的第一線，科學家們目前仍在熱烈地探討時間。

另一方面，生物對時間的認知也充滿了謎團。同樣是 1 小時，有時覺得長、有時卻覺得短，應該每個人都曾有過這種經驗。還有一點很有趣的是，由於腦部處理資訊需要時間，所以對我們而言的「現在」其實是稍早的過去事件。

所謂的時間，真是一種越想越覺得奇妙的存在。就讓我們從不同的觀點來探討時間之謎吧！

從心理學及生物學的觀點思考時間

快樂的時光
總是過得特別快

「心理時鐘」沒有
固定的節奏

先 從心理學的觀點來思考時間的問題吧！每個人對於時間流逝各有不同的感受方式，在這裡稱之為「心理時鐘」。

我們常說：「快樂的時候覺得時間非常短暫，無聊的時候卻感覺十分漫長。」這應該是許多人都曾有過的實際感受吧。

依據心理學實驗，當一個人越有機會注意到時間的經過（例如多看幾次時鐘），感到漫長的傾向就越高。這是因為一旦注意到時間流逝，「心理時鐘的刻度」就會變多，以致於感覺經過的時間變長了。

相反地，快樂的時候不太會去注意時間的經過，就會覺得時間短暫。

墜落時的體感時間
會有什麼變化？

快樂的時候常會忘記時間，等到察覺時已經過了很長一段時間。對某些人而言，高空彈跳令人感到非常快樂，但是也有很多人反而覺得恐怖到了極點。有研究報告指出，在體驗恐怖事件的當下，心理時鐘會變得比實際時間還要長（詳見第14～15頁）。

長大以後覺得
時間過得很快的原因

小孩覺得「才過了30分鐘？」
大人卻覺得「已經過了30分鐘？」

「長」大成人之後覺得 1 年好像變短了」，這個現象許多人都感同身受吧！對此，或許還有人聽聞過以下解釋：「因為隨著年紀增長，1 年時間占年齡的比例逐漸變小的緣故。」乍聽之下頗有道理，但其實並沒有相關的實驗證明。

透過心理學的實驗證明，有許多因素會使心理時鐘變慢（覺得時間縮短）。例如，變得難以體驗新的事

小孩的時間、大人的時間

雖然大人和小孩一起度過了相同的實際時間，但小孩的體感時間比較長，大人的體感時間比較短。

件，或是不再注意日常生活中的細節，就會覺得時間好像縮短了。一般認為，這是因為我們會以某段期間內體驗的事件數量為依據，來推估時間的長度。

　　此外，身體的代謝（體內進行的各種化學反應）也可能與心理時鐘的進行狀態有關。或許是因為大人的代謝比小孩慢，所以才會覺得1年縮短了。

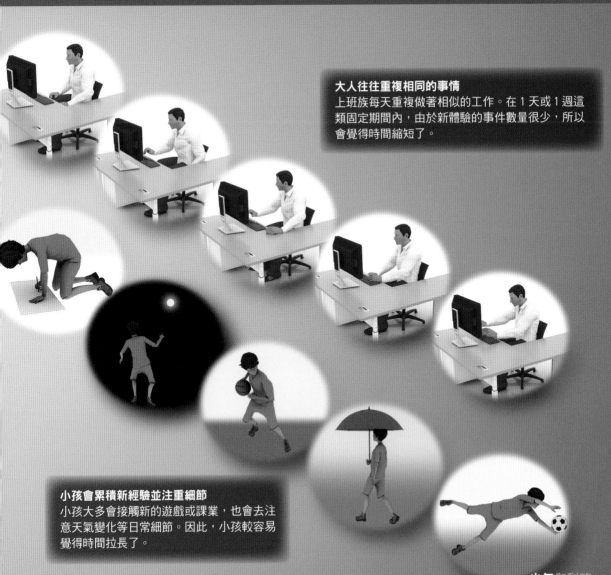

大人往往重複相同的事情
上班族每天重複做著相似的工作。在1天或1週這類固定期間內，由於新體驗的事件數量很少，所以會覺得時間縮短了。

小孩會累積新經驗並注重細節
小孩大多會接觸新的遊戲或課業，也會去注意天氣變化等日常細節。因此，小孩較容易覺得時間拉長了。

「心理時鐘」的運作 與腦的哪個部位有關？

依據時間感覺的長度， 有不同的相關部位在運作

我們在日常生活中彷彿理所當然地進行「預測時間」這件事。有許多專家針對該機制提出了不同的說法。

　　腦的視丘（thalamus）及大腦等的神經細胞（神經元，neuron）會隨著時間經過而提高活動，因此，可能是依據腦部活動狀態達到一定程度來測量時間的經過。

　　此外，過去的時間長度未必與體驗當下感覺到的長度一致，而是會依據留在記憶的事件數量等因素而改變。也就是說，回想起來的時間在之後可能會伸長或縮短。因此，當我們仔細回想的時候，會覺得時間拉長了。在遭遇交通事故等事件之後，事後回想會覺得事故的瞬間很長，或許就是這個緣故。

　　一般認為心理時鐘的運作方式不只一種，而是會根據想要測量的1秒、1小時、1天、1年等時間長度，採取不同的機制來因應。

1. 心的「碼錶」
本圖所示為可能與短時間感覺有關的大腦部位。以「視丘」（黃色區域）為中繼站的「大腦-小腦迴」和「大腦-大腦基底核迴」負責時間感覺。

右大腦半球

與運動技巧和學習有關的「小腦」

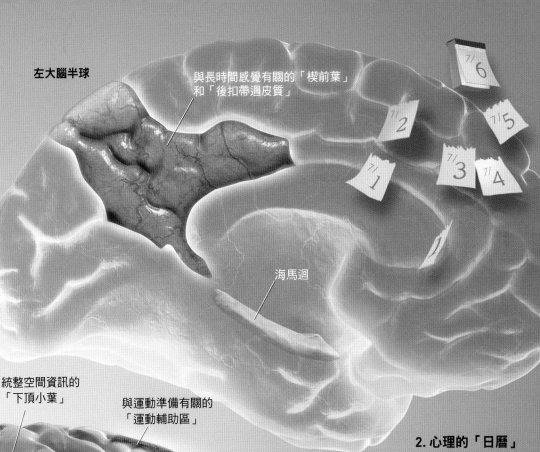

左大腦半球

與長時間感覺有關的「楔前葉」和「後扣帶迴皮質」

海馬迴

統整空間資訊的「下頂小葉」

與運動準備有關的「運動輔助區」

負責注意力與短期記憶的「前額葉皮質」

2. 心理的「日曆」

本圖所示為可能與稍長的時間感覺有關的區域。可能與大腦半球內側面的「楔前葉」（precuneus）和「後扣帶迴皮質」（posterior cingulate cortex）有關。此外，記憶的中樞「海馬迴」（hippocampus）與事件順序等時間感覺有關。

調整額葉功能的「基底核」

連結大腦及其他部位的中繼站「視丘」

註：腦的插圖為依據BodyParts3D, Copyright© 2008 Database Center for Life Science Licensed by CC表示-繼承2.1日本（http://lifesciencedb.jp/bp3d/info/license/index.html）改繪而成。

人體具有大約 24小時的節奏

我們依循「生理時鐘」生活

我們日出而作，日落而息。一天當中，體溫及血壓緩升或緩降，身體也會發生各種變化，例如配合生理時鐘的運行而分泌促進睡眠或覺醒的激素等。在背後管控這些身體變化的節奏，在生物學及醫學上稱為「生理時鐘」（biological clock）。

　　現在人類的生理時鐘週期平均為約24.2小時（約24小時又12分鐘）。此外，據說週期的長度會受到遺傳性個人差異影響，每個人最多或早或晚相差20分鐘，亦即有些人的週期比24小時稍長或稍短。

　　不過無論如何，生理時鐘的週期大致上與地球的自轉週期 ── 1天 ── 有連帶關係。

高

增加（醒來）

白天

慢慢升高

低

12時

此時此刻，生理時鐘的狀態如何？

下方圖表中，紅色代表深層體溫；藍色代表誘發睡意的「褪黑激素」（melatonin）；綠色代表與覺醒有關的激素物質「皮質醇」（cortisol）（詳見第38～39頁）的量（血中濃度）。上述各項以約24小時為週期持續在變化。

睡眠時最高

夜晚

白天

夜晚

0時

6時

12時

18時

0時

時間的進行

■深層體溫　■皮質醇　■褪黑激素

「刻畫時間的分子」真的存在！

每一個細胞都具有生理時鐘的機制

生理時鐘的基本機制

在細胞內，Period基因從白天到黑夜不斷合成PER蛋白質，最終積存在細胞內的PER蛋白質會對細胞核內的Period基因起作用，干擾本身的合成。如此一來，從黑夜到白天，PER蛋白質會自然分解而逐漸減少。當細胞內的PER蛋白質減少，PER蛋白質的合成又會再度活躍起來。PER蛋白質的量以1天為週期增減的節奏，便是由此而來。

在 18世紀時進行過一項實驗：把白天會展開葉片、夜晚會閉合葉片的植物「含羞草」放在完全陰暗的地方，從而證實了含羞草具有生理時鐘。自此之後，我們才逐漸明白包括人類在內的各種動植物都具有生理時鐘。不過，生理時鐘究竟是什麼？長久以來一直是個謎題。

直到1971年，相關研究總算有了重大進展。科學家製造了多隻生理時鐘混亂的果蠅並進行調查，發現每隻果蠅在同一個DNA片段（基因）都有異常，亦即生理時鐘與基因有關。該基因被命名為「Period」（週期之意）。

而到了1984年，又發現該基因製造的「PER蛋白質」會在細胞內以24小時為週期有節奏地增減。上述的反覆增減就是生理時鐘的基本機制。

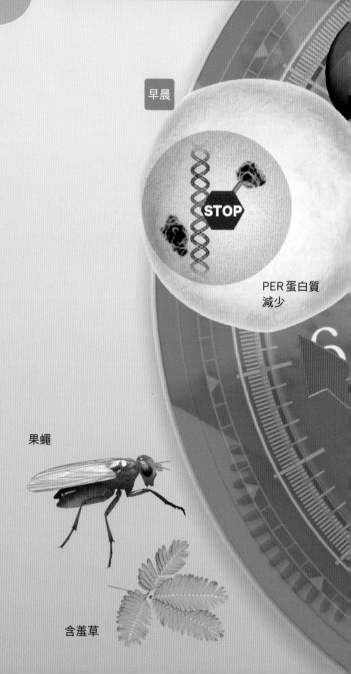

早晨

STOP

PER 蛋白質
減少

果蠅

含羞草

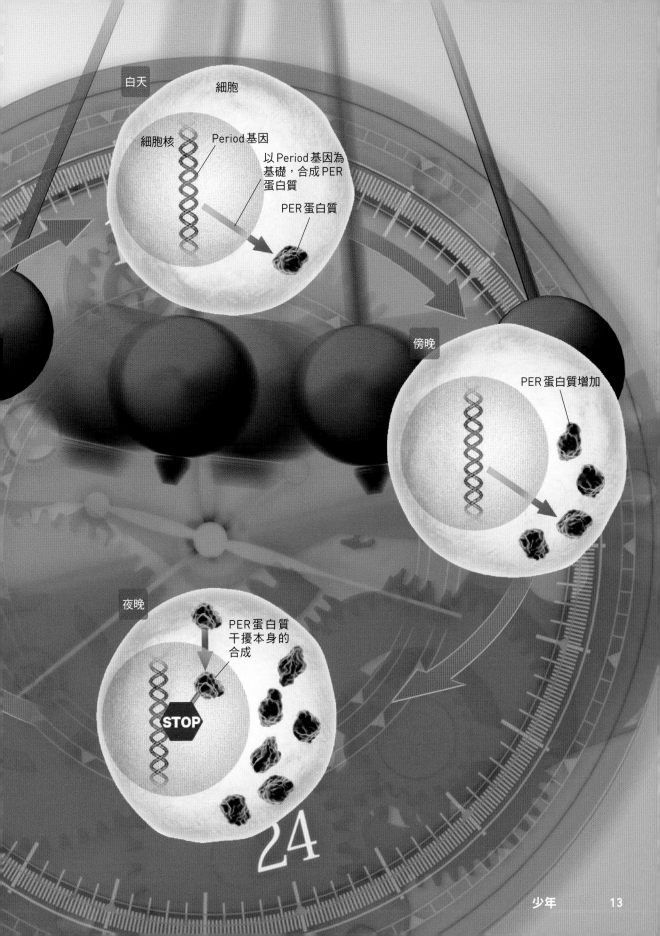

Coffee Break

感到恐怖時
會覺得像慢動作

當我們感到恐怖的時候，會處於「這一切還沒結束嗎」的心理狀態，因而覺得時間拉長了。這可能是因為當我們感到恐怖時，隨著視覺資訊處理的速度加快（覺得像慢動作的現象），心理時鐘也跟著加速，因而相對於實際的時間產生偏差所致。

為了證明該現象，美國貝勒醫學院的研究團隊進行了一項實驗：讓受試者體驗從高處落下的遊戲設施，並針對他們覺得落下時間有多長進行調查（右圖）。

實驗報告指出，19名受試者估計自己落下的平均時間，比看別人落下所估計的時間長了大約36%。

1. 估計別人落下的時間
實驗使用的遊戲設施是在不繫救生索的情況下，以背部著地落至31公尺下方的安全網中。受試者觀看別人落下所估計的落下時間平均值為2.17秒，而使用碼錶測量的實際時間則是2.49秒。

2.17秒

安全網

2. 估計自己落下的時間
受試者也會親自體驗遊戲設施，並且在落下後評估自己的落下時間，而平均值為2.96秒。由此可知，比起實際時間或估計別人落下的時間，評估自己落下的時間確實拉長了。

2.96秒

我們感覺到的「現在」已成為過去

五感的資訊處理要花一點時間

「**現**在」你正在閱讀這一頁。但是，你所意識到的「現在」其實是稍早以前的過去事件。事實上，你的眼睛開始閱讀這篇文章的時間，應該比你所認為的時間早了0.1秒以上。

之所以會有這樣的差異，是因為我們認知五感資訊的過程必須花上一點時間。五感的刺激透過神經細胞傳到腦部，在腦內進行各式各樣的資訊處理之後，才會浮現在意識中。以視覺資訊的認知為例，雖然也會受到環境等條件影響，不過通常得花上大約0.1秒才有辦法理解。同樣地，聲音、觸感經由耳朵或手感知之後，也要花一些時間才能加以認知。

我們以為自己是依照意識來決定事物並執行，但實際上似乎並非如此。與其說意識是「決定者」，不如說它是會議結果的「記錄者」更為貼切。

浮現於意識的「現在」與腦的資訊處理

我們認為是當下情景的「現在」，其實已經是稍早的過去事件。

神經細胞

在腦中進行資訊
處理的示意圖

腦

「現在」這個瞬間真的存在嗎

用手打拍子的時機為什麼會一致？

因為所有人共同發生「延遲」而一致

我們意識到的「現在」是大約0.1秒前的過去事件，所以當田徑選手在終點前試圖卯足全力進行衝刺時，身體可能早已抵達數公尺前的終點線了。

我們的意識其實一直在追趕現在不斷前行的自己。儘管如此，我們仍然會把意識上的「現在」誤解為真正的現在。

那麼，當我們和其他人一起用手打

田徑選手正想要「在終點前全力衝刺」時，其實已經衝過終點線了。同樣地，棒球比賽時打擊者覺得「擊中球了」的瞬間，其實已經把球打出去了。田徑選手和棒球選手所感覺的鮮明「現在」都是稍早的過去。

拍子的時候，為什麼總能配合周圍其他人的時間點呢？如果我們所認為的「現在」比真正的現在落後0.1秒的話，拍子應該會七零八落才對？

有一個假說認為可以如下思考：當某個人喊「開始」的時候，周圍的人對於該指令的認知都會有所延遲。而且，發出指令的人也會延遲認知自己的聲音。結果，大家對於該指令的認知都延遲了幾乎相同的時間，所以在各自的意識中就沒有了時間差，而能配合拍子的節奏。

大家一起打拍子時，周遭的人對於指揮者指令的認知都會有所延遲，連指揮者本人也會延遲認知自己的聲音，所以拍子才能夠一致。

為何感覺不到「聲音」和「光」的落差

會不會覺得是「同時」，得視腦的作用而定

在明亮環境和陰暗環境中，會覺得是「同時」的時機並不相同

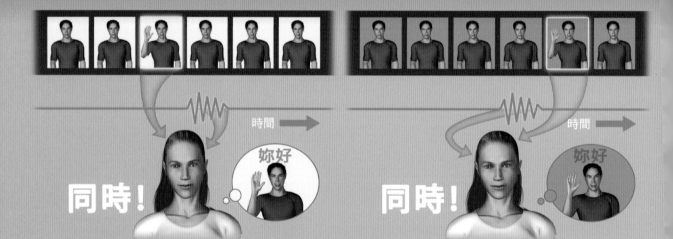

明亮環境　　　　　　　　　　　　　　　陰暗環境

時間　　　　　　　　　　　　　　　　時間

妳好　　　　　　　　　　　　　　　　妳好

同時！　　　　　　　　　　　　　　　同時！

圖上半部的男性連續影像和波形，代表受試女性的腦中分別在哪個時機處理光和聲音。如圖左所示，假設光的資訊比聲音的資訊更早被處理。即使如此，在女性的腦中也會判斷光和聲音（男性舉手的動作和聲音）是同時的，而浮現兩者為同時的意識。另一方面，如圖右所示，在陰暗環境中光的資訊需要花時間進行處理。在這種狀況下，聲音的資訊會比微光的資訊更早處理，但依舊會覺得兩者為同時。每當環境改變，腦部便會針對「要把相差幾秒當作同時」進行微調。

我們認知某項事物所需的時間，會因為光、聲音、觸覺等而有所差異。舉例來說，實驗結果顯示當眼前同時產生光和聲音時，我們對光有所反應是在0.17秒後，對聲音有所反應則是在0.13秒後。

不過，如果是源自相同事件的聲音和光，就會容易認為兩者是同時的。因為即便是在不同時間點得到的兩種資訊，腦仍然會視其為同一事件。只是，認知光及聲音所需的時間會依環境條件拉長或縮短。因此，腦總是在調整「要把相差幾秒當作同時」。

我們看到、聽到周遭事件時，腦會持續判斷「要把哪個光和聲音連結起來呢（要把什麼視為同時比較好呢）」。

腦也會判斷錯誤

在不同時機進行處理，仍覺得是「同時」　　　　　　　　處理的時機一致，卻不覺得是「同時」

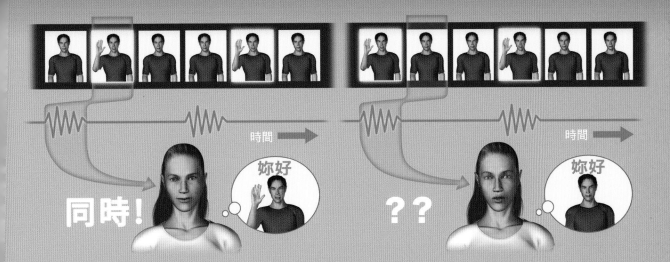

如果聲音和光同時發出，則聲音會比光早約0.04秒先被處理。但由於腦會調整兩者的落差，所以受試女性會覺得兩者為同時。這樣的狀況反覆進行幾分鐘後，女性的腦會暫時養成一種「習慣」——「在現在的環境中，把聲音、光依序以0.04秒的落差相連使其變成同時」（圖左）。接著，再把聲音比剛才晚0.04秒發出，照理說受試女性的腦中處理資訊的時機應該會一致才對，但是受到剛才養成的「習慣」影響，女性反而會覺得聲音和光有時間差（圖右）。

足球比賽的誤判可歸咎於預見未來？

任何人都容易發生的閃光遲滯效應

有時我們會錯認運動中物體所處的位置，看起來就像不在實際的位置上。

左頁下圖為表示該現象的實驗結果。首先，讓受試者觀看螢幕上有球快速橫越畫面的影像。當球剛好抵達畫面中央的時候，在其正下方會閃現一個箭頭。接著詢問受試者箭頭出現時，球的位置在哪。結果受試者回答：「球在通過箭頭之後的位置。」該

本圖所示為球快速橫越螢幕的場景。唯有在球抵達中央的瞬間，其正下方會閃現一個箭頭。詢問受試者：「箭頭出現時球位於何處？」結果受試者回答：「球在箭頭的右邊。」這是因為球看起來比周圍超前一步所致。

閃光遲滯效應

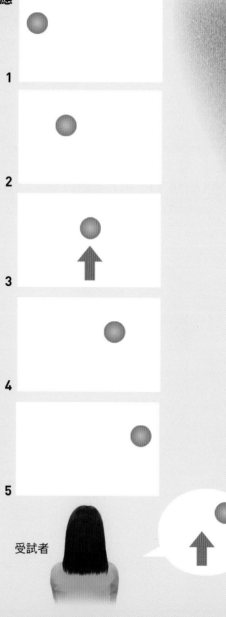

1

2

3

4

5

受試者

現象稱為「閃光遲滯效應」（flash-lag effect）。

　　這個現象可能是造成足球比賽出現誤判的原因之一。在足球的「越位判決」中，裁判（線審）在進攻方傳球的瞬間，必須看清楚球門附近的進攻方球員和防守方球員的位置關係。這個時候，裁判的眼睛處於容易發生閃光遲滯效應的狀態，導致進攻方球員看起來比實際更靠近球門線，而被判越位。

　　這種閃光遲滯效應所造成的誤判原因在於錯覺，所以很難藉由訓練來避免誤判。

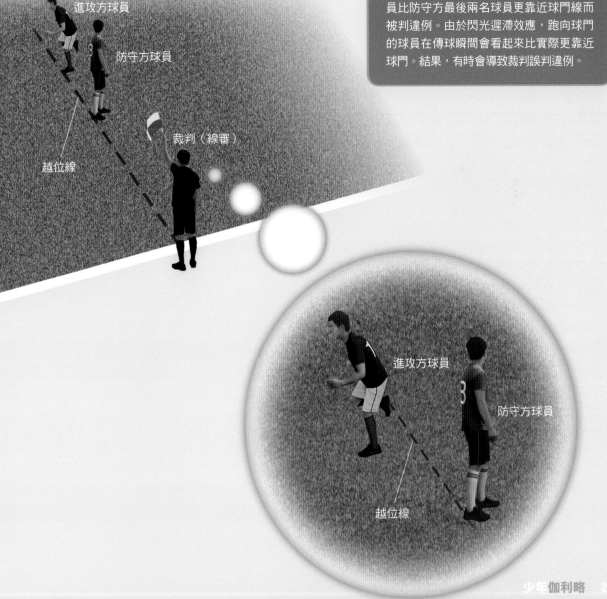

越位方球員

防守方球員

越位線

裁判（線審）

越位誤判是因為閃光遲滯效應？

足球的越位是指在傳球的瞬間，進攻方球員比防守方最後兩名球員更靠近球門線而被判違例。由於閃光遲滯效應，跑向球門的球員在傳球瞬間會看起來比實際更靠近球門。結果，有時會導致裁判誤判違例。

進攻方球員

防守方球員

越位線

事件順序調換的神奇實驗

腦會編輯
「時間的進行順序」

接 下來介紹一項會讓人覺得事件順序調換了的神奇實驗。

在實驗 A 中，畫面左側一開始會閃現「1」，過了0.01秒後右側會顯示「2」。在這個狀況下，受試者會正確指出「依序看到1、2」。而在實驗 B 中，則是畫面右側一開始會閃現光。接著，過了0.1秒後，和剛才一樣左側會顯示「1」，再過0.01秒後右側會顯示「2」。結果受試者認為「依序看到2、1」，和實際的順序相反。

我們的腦會積極地編輯經由五感接收的各種資訊，儘管有時候會出錯，仍會設法編排出合乎常理的時間進行順序。這聽起來或許讓人有點不安，但如果腦不加以編輯，只是依照原來的時機來認知聲音和光的話，可能反而會不知道發生了什麼事。

事件的順序會調換！

在實驗 A 中，受試者能正確無誤地答出事件的順序。在實驗 B 中，一開始在畫面右側會出現瞬間的閃光，藉此把受試者的注意力吸引到該處。如此一來，受試者就會先認知畫面右側而忽略周圍。可能是這個原因，導致較晚顯示的「2」反而比「1」更早被注意到，使得受試者的意識誤以為顯示的順序是「2→1」。

感知的時間機器

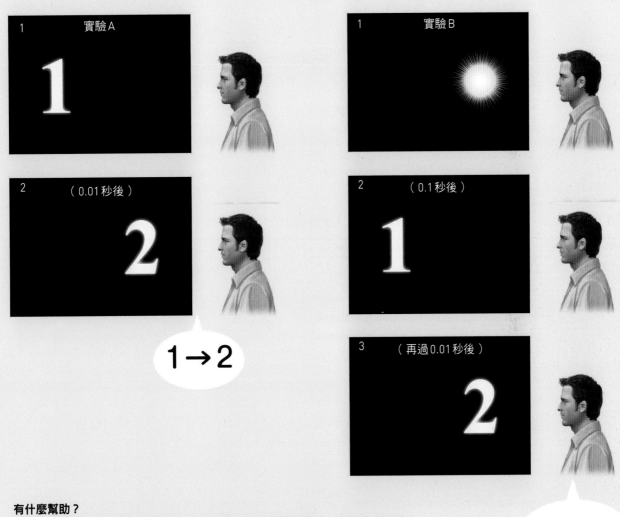

有什麼幫助？

該實驗所確認的腦部資訊處理機制，在我們的生活中可以提供什麼幫助呢？試著想像一下，在構築文明之前人類在嚴酷自然環境中求生的狀況。在周遭發生的種種事件中，我們必須提早發現疑似掠食者身影這類重要的事物。利用腦有限的能力趁早獲得重要資訊的機制，就生存層面而言可說是相當必要的。

Coffee Break

決斷的瞬間
真的是現在嗎？

美國加州大學於1980年代進行了一項非常有趣的實驗。讓受試者在不受拘束的狀況下活動手指（或手腕），並記錄其運動前後的腦部活動狀況。

該實驗會測量受試者想要依個人意志活動手指的時刻（1）、腦部產生運動指令訊號的時刻（2）、實際上手指活動的時刻（3），並研究上述情形的發生順序。

直覺上我們會認為順序應該就是1→2→3吧！但是實驗結果卻顯示順序是2→1→3。在受試者本人決定要活動手指之前，腦就已經開始在為活動手指做準備了。

這個問題在腦科學研究者之間引起了很大的爭論。不過，也有許多實驗得到了相同的結果 —— 在我們決定採取行動之前腦就已經在無意識地進行活動，似乎是不爭的事實。

腦似乎早在我們意識到之前，就已經開始進行配合決定的活動。「我現在是按照自己的意志在行動」的感覺，或許只是個被創造出來的幻想。

自由意志是幻想嗎？

圖為加州大學的懷疑自由意志是否存在的實驗概略圖。在受試者（認為）決定要活動手指的瞬間之前，腦就已經開始在為活動手指做準備了。不過，由於該實驗受試者是處於準備在某個時候活動手指的狀態，因此似乎很難判斷受試者是否處於完全自由的狀態。

橫軸：時間的經過
（由左往右進行）

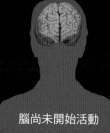

腦尚未開始活動

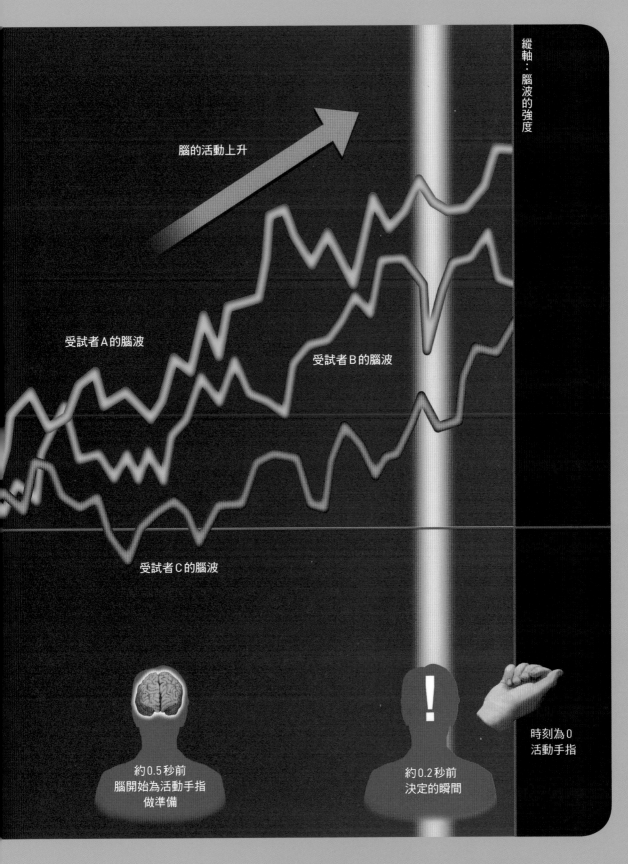

留意夜晚的
手機使用及飲食

現代人的夜生活
導致生理時鐘錯亂

因光而產生偏差的「中央時鐘」

在兩眼視神經交叉位置（視交叉，optic chiasm）的稍微上方處（視交叉上核，suprachiasmatic nucleus）有生理時鐘的「中央時鐘」。

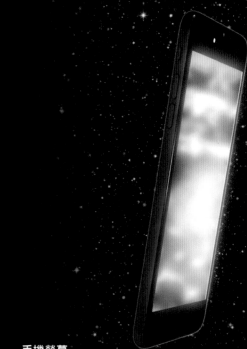

手機螢幕
如果晚上一直盯著螢幕會使中央時鐘變慢。尤其智慧型手機螢幕會發出波長460奈米左右的藍光，影響非常嚴重。

人體全身的細胞都具有各自的生理時鐘，稱之為「周邊時鐘」（peripheral clock）。周邊時鐘可使各個臟器及組織維持必要的節奏。

相對於此，位於兩眼深處的腦部位則有所謂的「中央時鐘」（master clock），有如全身周邊時鐘的「指揮者」。中央時鐘透過自律神經及送往全身的激素，協調並同步周邊時鐘的節奏。

生理時鐘的週期基本上十分固定，可一旦眼睛受到光線刺激，中央時鐘就會依不同的時段變快或變慢。如果我們早晨沒有曬太陽，或晚上一直盯著手機螢幕等，生理時鐘便會相對於日夜節奏而變慢。

此外，保持吃早餐的習慣、避免在晚上10點後進食，也是維持生理時鐘正常運作的必要條件。

視交叉上核
（中央時鐘）

視神經

中央時鐘示意圖
近年的研究顯示，中央時鐘和全身細胞的
周邊時鐘其生理時鐘機制並非完全相同。

配合生理時鐘選擇作業時間

建議在上午擬訂計畫，
在下午記憶學習？

若 想要有效率地讀書或工作，最好依據生理時鐘來進行。

實驗證實，從黃昏到夜晚我們人體的代謝會變得旺盛、體溫升高，所以在這段期間使用身體進行作業和短期記憶的成效最佳。短期記憶是指能記住幾個小時的短暫記憶，例如電話號碼、密碼、初次見面對象的姓名等。

另一方面，閱讀書籍、思考企畫案、擬訂未來計畫及預測等需要理解力及判斷力的作業，則是在上午等較早時段進行會得到比較好的成效。

例如在上午進行擬訂未來計畫等作業，在下午進行與人初次會面這類必須在談話中暫時記住姓名等資訊的工作，像這樣安排一天的時程，就能配合生理時鐘更有效率地利用時間。

配合生理時鐘進行高效率作業

我們擁有週期約24小時的生理時鐘。人體一天的狀態會依循生理時鐘而變化，所以作業效率受到生理時鐘很大的影響。例如早晨的時段可能不適合用來活動身體、記憶事物，比較適合讀書等需要理解力的作業。

利用午睡
恢復專注力

睡午覺是週期12小時
生理時鐘的需求

我們的生理時鐘有些是以24小時為週期運作，有些則是以12小時為週期運作。如果依循週期為12小時的生理時鐘，那麼睡意會在下午2點左右來襲。我們在感到睡意的狀態下無法保持專注力，所以如果小睡個30分鐘左右，將有助於恢復專注力。不過，30分鐘左右的睡眠並不足以穩固記憶。話雖如此，要是午睡時間過長，晚上就會容易睡不著。畢竟午睡只是為了消除白天的睡意和疲勞，以便恢復專注力而已。

事實上，也有一些人在讀書或工作中感到睡意或疲勞時，仍會為了早點結束工作而選擇持續進行下去。這種人屬於「會勉強自己的類型」，不妨試著綜覽全局、客觀地分析「勉強自己持續工作恐導致效率不佳」的後果，藉此把自己的行動修正得更冷靜、更有效率。

整理房間也有助於保持專注力

為了讓工作更有效率，睡午覺是個不錯的選擇，不過，想辦法維持住暫時提升的專注力也很重要。因此，必須努力創造一個專注力不會被打斷的環境。斷絕讓人分心的網路、訪客、電話，或做一些乍看之下似乎毫無關聯的活動（例如整理房間等），都有助於維持專注力。

每個人都有自己感覺舒適的步調

說話的速度、走路的速度等，精神步調在兒童時期就定型了

在成長的過程中，上學、吃飯、更衣等需要在既定時間內行動的事情逐漸增加，可能其中也有一些人對此難以適應，凡事都要旁人催促叮嚀。同樣一件事情，有的孩子一下子就能搞定，有的孩子則是硬要拖到最後一刻才勉強完成。事實上，說話的時機、走路的速度等，每個人行動的速度都各不相同，這稱為「精神步調」（mental tempo）。

自己的步調在兒童時期就定型而難以改變

每個人都有各自在從事作業時會感覺心情愉快的步調。這個「精神步調」在兒童時期就固定了，一旦定型之後終其一生都不會有太多變化。也就是說，從小就老是慢吞吞的小孩，長大以後也不太可能展現出敏捷俐落的行為。

精神步調可能與遺傳、環境因素有關，而且在兒童時期就會定型，一直到老年都不會有多大改變。精神步調對於當事者來說也是心理上會感覺舒適的步調，所以若是以不符精神步調的節奏去做事，就有可能產生壓力，甚至於引發疾病。

現代社會中，為了改善工作效率，人們須配合「時鐘的時間」行動。但是若考量到每個人的健康及作業效率，或許採用更重視個人精神步調的時間利用方式更為妥當。

生理時鐘會因為生活型態而改變？

環境調適可能也會影響生理時鐘

據說生活習慣的型態可以分為「晨型」和「夜型」。晨型是早睡早起的類型，夜型則是晚睡晚起的類型。

根據最近的研究可知，這些型態的差異取決於每個人的基因。晨型者的生理時鐘週期比24小時稍短一些，夜型者則稍長一些。最近也有人主張，晨型者維持晨型的生活、夜型者維持夜型的生活會比較好。

現代人已經非常習慣從早到晚盯著智慧型手機或電腦螢幕，而這樣的生理時鐘很可能發生了巨大變化。

距今大約150年前，拜照明普及之賜，人們能夠不分晝夜地進行各項作業。但是時至今日，並沒有任何報告指出人類的生理時鐘出現大幅變化。不過，就生物的環境適應方面來說，人類的生理時鐘還是有可能產生巨大變化。

生活型態的變化會改變生理時鐘嗎？

生理時鐘似乎從演化的早期階段就存在了。但是也有像北極圈的馴鹿由於生活環境改變，導致生理時鐘消失的例子。從距今大約150年前起，隨著照明的普及，人們能夠過著不分晝夜的生活。或許這種生活型態的變化，也有可能造成未來人類的生理時鐘大幅改變乃至於消失。

Coffee Break

為什麼會發生
時差倦怠

應該有不少人去國外旅行時經歷過「時差倦怠」吧！

人體腎臟附近的腎上腺皮素會分泌一種名為「皮質醇」（cortisol）的激素（分泌至血液等處，作用於其他細胞的物質），皮質醇會刺激在白天活躍的「交感神經」（sympathetic nervous system）。在平常的日子裡，起床前的清晨4點左右，皮質醇

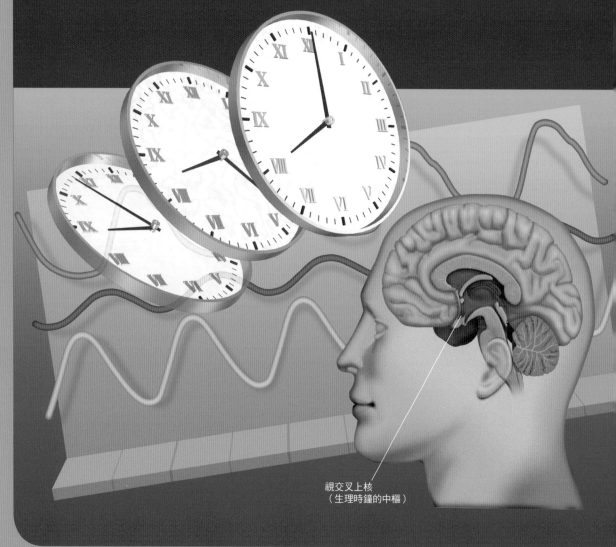

視交叉上核
（生理時鐘的中樞）

的分泌量會達到最大，為休息中的身體回到活動狀態做準備。

那麼，假設我們前往時差為 8 個小時的英國。皮質醇分泌的時機在短期間內仍與在臺灣時相同。也就是說，英國當地時間為20點時已經是晚上了，可是我們體內卻在進行起床活動的準備工作，才會因此無法入睡。反之，白天會變得很想睡。

當生理時鐘的時刻和外部環境的時刻有所差異時，就有可能發生時差倦怠。此外，早晨曬太陽會重新設定生理時鐘，所以經過 2 週左右之後就能適應了。

引發時差倦怠的機制
圖表搭配皮質醇的分泌時段，針對在臺灣生活的狀況與剛抵達英國的狀況進行比較。

此外，時差倦怠除了皮質醇以外，也和其他多種激素有關。

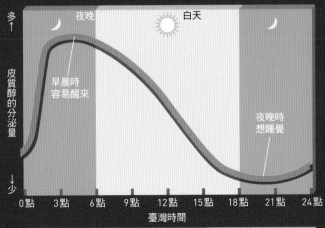

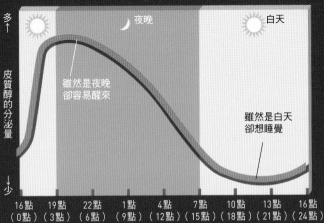

超過2500年的問題「時間是什麼」

現代物理學仍持續探究

從本章開始,我們以物理學的觀點來審視時間吧!

西元前4世紀的古希臘哲學家亞里斯多德(Aristotle,前384～前322)主張「時間是與運動的前後有關的數」。他所說的運動是指事物的變化,而這個變化的數(尺度)就是所謂的時間。

西元前5世紀的哲學家芝諾(Zeno,前490左右～前430左右)

亞里斯多德的「時間」
點燃蠟燭,便可藉由蠟燭長度的變化認知時間的經過(**A**)。如果沒有點燃蠟燭,我們就無法確定時間流逝這件事(**B**)。亞里斯多德在其著作《物理學》中主張:「時間是發生運動或變化才能理解的東西,如果沒有運動或變化也就沒有時間。」

曾提出一個悖論（paradox）：「一支飛行的箭在每個瞬間都是靜止的。當這支箭在任一時刻都是靜止的，就不能處於正在飛行的運動狀態。」但是在現實中箭的確會飛，所以這個悖論必定有哪個地方出了問題。

其實，這個悖論包含了與時間有關的重大問題。把時間無限細分之後會成為「瞬間」，不過把時間無限細分這件事真的可行嗎？

這個問題至今仍是現代物理學爭論不休的議題。

飛箭不飛？（芝諾悖論）

「一支飛行中的箭在每個瞬間都是靜止的。當這支箭在任一時刻都是靜止的，就不能處於正在飛行的運動狀態，所以箭不會飛。」這個「飛箭悖論」是四大「芝諾悖論」（Zeno's paradoxes）之一。此外，悖論又稱為佯謬、詭局等，是指從乍看之下似乎正確的假定或推論，得到違反現實結論的邏輯。

飛箭

每個瞬間都是靜止的箭

古代的時鐘是參考天體運動

1個小時的長度會依季節而異

當太陽西沉又東升，便可得知過了「1天」的時間；當月亮虧了又盈，便可得知過了「1個月」的時間；觀察夜空群星的移動，便可得知過了「1年」的時間。古代的人們憑藉天體運行來掌握時間的進行。在天空中移動的天體是他們察知時間的基準，也就是所謂的「時鐘」。

天體運行是「不斷重複」的現象。對以此為基準的人們而言，時間也是

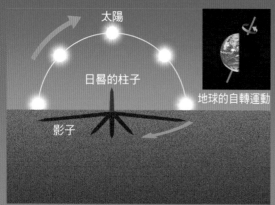

地球的自轉運動和「1天」
以大約24小時旋轉1圈的地球自轉週期作為「1天」的基準。

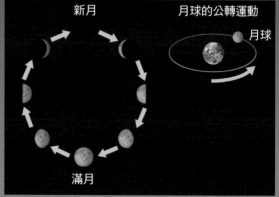

月球的公轉運動和「1個月」
從滿月到下次滿月為期大約29.5天（月球的公轉運動為大約27.3天）。部分文明以月亮的盈虧作為曆法的基準（陰曆）。

「循環的東西」。

　古埃及人把 1 天分為白天和夜晚，再劃分為12個區塊，從而決定了「1個小時」的長度。由於夏季的白天比冬季還要長，所以夏季的 1 小時也比冬季的 1 小時長。日本直到大約150年前的1872年（明治 5 年）為止，都是採用會依季節而異的彈性時間（不定時法）。

地球的公轉運動和「1 年」
以地球環繞太陽運行的週期（約365天）作為「1 年」的基準。

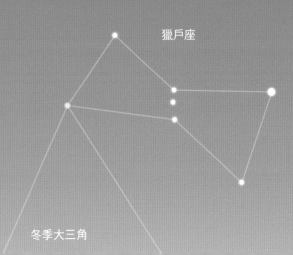

獵戶座

冬季大三角

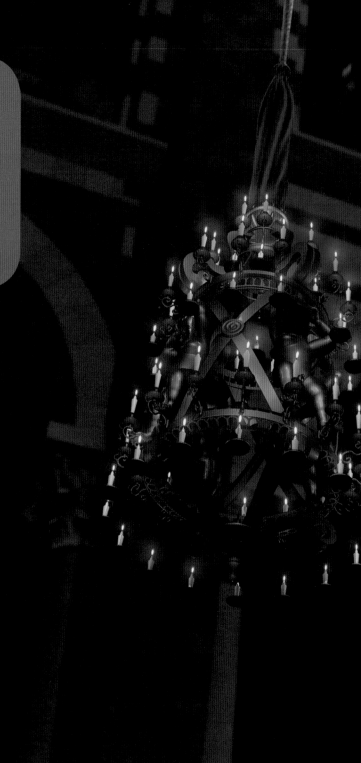

伽利略發現
鐘擺的祕密

終於能夠正確地
掌握時間的進行

說 到中世紀的時鐘，只有不準確的機械鐘、日晷及水鐘等。這些時鐘每次測量「1 小時」的長度都不太一樣。將這個情況一舉改變的，是義大利科學家伽利略（Galileo Galilei，1564～1642）的重大發現。

伽利略發現了「擺的等時性」。以長度 1 公尺的鐘擺為例，無論擺動的幅度多大或多小、擺的重量有多少，往返 1 次所花的時間永遠都是 2 秒左右。反過來說，只要準備長度 1 公尺的擺並使其適當地擺動，就能正確地得知 2 秒的長度。也就是說，利用擺就能製造出以一定間隔劃分時間的準確時鐘。這就是「擺鐘」的原理。

後來隨著擺鐘日漸普及，原本「每次測量都會或長或短的 1 小時」的印象，逐漸轉變成了「永遠以一定長度刻畫的 1 小時」。

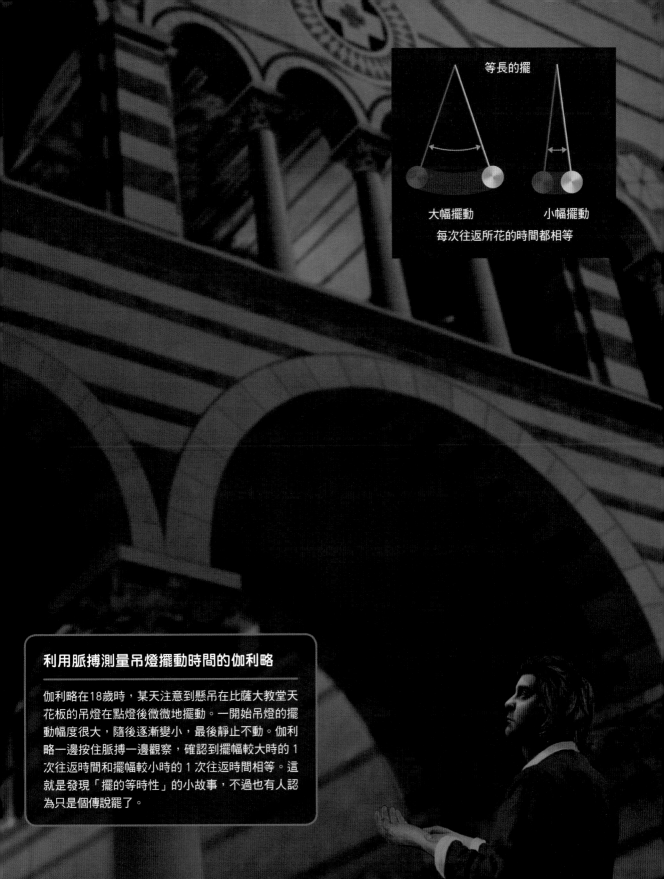

等長的擺

大幅擺動　　　　　小幅擺動

每次往返所花的時間都相等

利用脈搏測量吊燈擺動時間的伽利略

伽利略在18歲時，某天注意到懸吊在比薩大教堂天花板的吊燈在點燈後微微地擺動。一開始吊燈的擺動幅度很大，隨後逐漸變小，最後靜止不動。伽利略一邊按住脈搏一邊觀察，確認到擺幅較大時的 1 次往返時間和擺幅較小時的 1 次往返時間相等。這就是發現「擺的等時性」的小故事，不過也有人認為只是個傳說罷了。

把時間劃分為全部一致的「絕對時間」

大科學家牛頓所構思的絕對時間

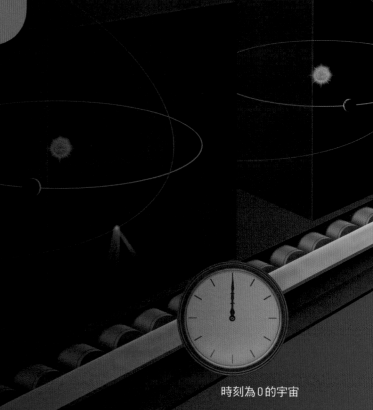

時刻為0的宇宙

在擺鐘問世的17世紀，出現了一位在時間概念歷史上非常重要的科學家，他就是第2頁也有介紹過的牛頓。

1687年，牛頓在其著作《自然哲學的數學原理》（*Philosophia Naturalis Principia Mathematica*）中提出了新的時間概念，名為「絕對時間」。牛頓所構思的絕對時間與物體的存在狀態或運動狀態無關，純粹以一定的步調劃分時間。

當時，牛頓的絕對時間也曾遭人反駁。但是他以絕對時間為基礎所統整的物理學（牛頓力學）相當成功，使得絕對時間的概念得以穩固並逐漸成為人們的常識。即便是對活在現代的我們而言，絕對時間的概念也可以說是日常生活中容易理解的概念！

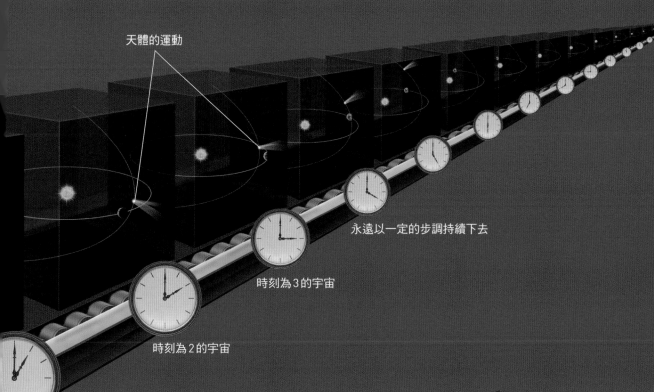

天體的運動

永遠以一定的步調持續下去

時刻為3的宇宙

時刻為2的宇宙

時刻為1的宇宙

何謂牛頓的絕對時間？

牛頓所構思的絕對時間，舉例來說，就像是一條承載宇宙所有事物、無論在何處都以一定速度在進行的輸送帶。牛頓的絕對時間宛如沒有端點的直線，既沒有「起點」也沒有「終點」。

牛頓
（1642～1727）
發現萬有引力定律的英國科學家暨數學家。以絕對時間和絕對空間為基礎建立了牛頓力學。

時間會「伸縮」

在日常生活中
不會察覺到的事實

1905年，愛因斯坦提出了「狹義相對論」（special theory of relativity）取代牛頓力學。該理論所闡述的時間面貌相當奇妙，完全顛覆了過往的常識

「運動中的時鐘其走動會變慢。當運動的速度越接近光速，時間的進行就越慢，而一旦達到光速，時間就會停止。」狹義相對論否定了牛頓主張整個宇宙都相等地劃分時間的絕對時間。愛因斯坦掀起了時間概念的革命。

後來，愛因斯坦又在1915年至1916年期間完成了「廣義相對論」（general theory of relativity），闡述重力也會造成時間的進行變慢。當重力越強，時間的延遲就越大。不過，在日常生活中時間的伸縮程度太小了，所以我們無法察覺。

B. 高速運動中的時鐘
→時鐘走動較慢

A. 靜止不動者的時鐘

F. GPS衛星上的時鐘
　　→時鐘走動較快

時間會伸縮

相對於在車站月台靜止不動者的時鐘（**A**），高速行駛的列車上的時鐘（**B**）走動較慢（狹義相對論的效應）。再者，相對於在低處的時鐘（**C**），在高處的時鐘（**D**）走動較快（廣義相對論的效應）。噴射機和GPS衛星上的時鐘同時受到兩種效應作用：一是高速飛行造成的狹義相對論效應，二是在高處飛行造成的廣義相對論效應。兩種效應相互抵消後的結果，使得噴射機上的時鐘（**E**）走得比地表上的時鐘還要慢，GPS上的時鐘（**F**）走得比地表上的時鐘還要快。此外，插圖以較誇張的方式呈現各時鐘的走動落差。

E. 噴射機上的時鐘
　　→時鐘走動較慢

D. 高處的時鐘
　　→時鐘走動較快

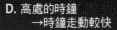

C. 低處的時鐘

時間有最小單位嗎？

時間能夠細分到
什麼程度呢

19 世紀以前的物理學家大多認為物質能夠任意地無限分割下去，而如今則普遍認知物質是由無法再加以細分的原子所構成。

那麼，時間和空間又是如何？亞里斯多德、牛頓、愛因斯坦都認為，時間和空間也能夠隨心所欲地無限分割下去。現今的標準物理學也把時間和空間視為能夠無限細分的東西，亦即「連續」的東西。

鐵原子構成的晶體構造

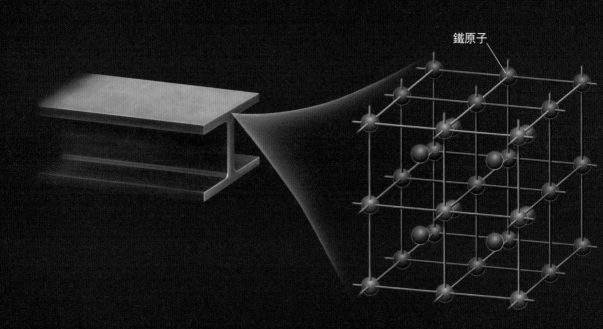

鐵原子

物質是「原子」的集合

鐵的表面看似光滑，可一旦放大到足夠程度，就能看到構成鐵原子的格狀構造。也就是說，鐵是鐵原子的集合體。鐵原子還能進一步分割成原子核及電子等，但屆時也將失去鐵的性質。就這個意義而言，鐵原子是鐵無法再繼續分割下去的最小單位。

不過近年來，人們正在積極研究一個主張時間和空間有最小單位的「迴圈量子重力論」（loop quantum gravity）。該理論認為時間的進行不若流水般那麼順暢，而是像影格一樣地傳送。

我們或許只是把一格一格事件的一連串變化當作時間來接收。

雖然迴圈量子重力論尚未完成，但也有研究人員根據該理論而主張「時間不存在」。不過，對此持否定意見的學者也不少，現代物理學似乎還很難明確解釋「時間是什麼」。

影格傳送的時間示意圖

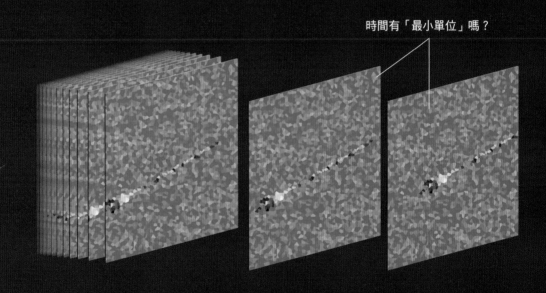

時間有「最小單位」嗎？

飛箭

時間和空間也是「原子」的集合？
迴圈量子重力論認為空間具有無法再細分下去的最小單位。而在迴圈量子重力論之中，有一些模型認為時間也具有最小單位。假設其長度為普朗克時間（Planck time，10^{-43}秒左右）。即使這個理論正確，我們也會因為這樣的時間和空間的最小單位太小，而覺得時間和空間是平順流暢的東西。

Coffee Break

1天的長度
並不固定

其實1天的長度每天都不太一樣，這和時鐘的準確性及相對論的效應無關。

古人把太陽抵達子午線正上方（中天）的12點起訂為一天之始。不過，太陽從中天到下次中天的期間，地球需要比自轉1圈再多轉一點點。因為在地球自轉1圈的期間，地球也在公轉軌道上移動，所以必須再多自轉一點點，太陽才會再度來到中天。

公轉速度的變化會改變1天的長度

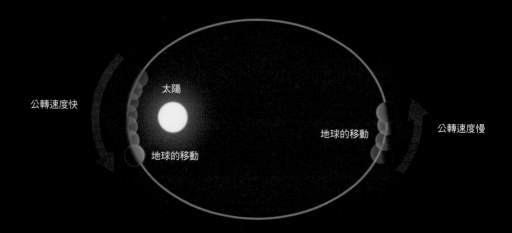

公轉速度快　太陽　公轉速度慢

地球的移動　地球的移動

如上圖所示，地球的公轉軌道為橢圓形（誇大呈現）。離太陽較近則公轉速度較快，離太陽較遠則公轉速度較慢。

如右頁插圖所示，由於地球的公轉速度在變化，所以從中天到下次中天所需的時間也在變化，結果會使1天的長度有所差異。

此外，地球的公轉軌道並非完美的圓形，而是稍微扁平的橢圓形。因此，地球在離太陽較近的位置會以較快的速度公轉，在離太陽較遠的位置則會以較慢的速度公轉。這麼一來，剛才介紹的「正確來到中天必須多轉的量」就會每天一點一滴地變化。結果，中天時刻不盡相同，每天的長度也就有所變化了。

雖然每天的 1 天長度僅有些微差異，仍會造成生活上的不便。因此，現在是把太陽在天空的移動以 1 年為期平均而計，假設太陽在天空是以固定的速度在移動，藉此使每天的長度都相同。

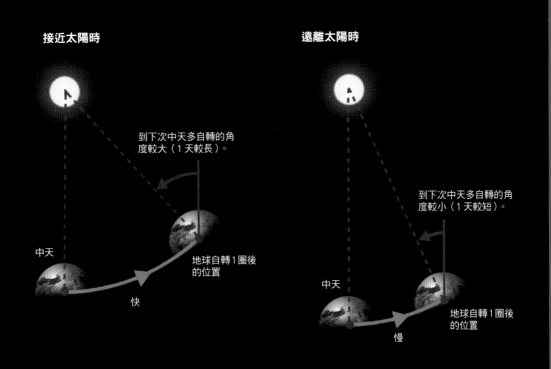

接近太陽時

到下次中天多自轉的角度較大（1 天較長）。

中天

地球自轉1圈後的位置

快

遠離太陽時

到下次中天多自轉的角度較小（1 天較短）。

中天

地球自轉1圈後的位置

慢

哪一邊是過去，
哪一邊是未來？

把影片倒轉，
思考一下吧

時間有一個關於「過去」和「未來」的大謎題，就用實際範例來思考看看吧！

假設有段影片記錄了一個非太陽系的未知行星公轉運動，但是我們無從得知該影片的正確播放方向。如果朝某個方向播放影片，行星是往右公轉；但如果倒轉播放的話，行星會變成往左公轉。不管朝哪個方向播放，畫面看起來都一切正常。在這種情況下，我們根本無法正確判斷行星實際上是往右還是往左公轉。

這是解釋行星公轉運動的牛頓力學「不區分時間的方向」所引發的現象。牛頓力學並不會定義哪一邊是過去，哪一邊是未來。不僅牛頓力學，就連電磁學、相對論、量子論等，也都完全不區分時間的方向。

A

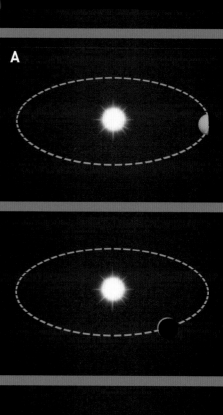

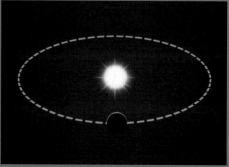

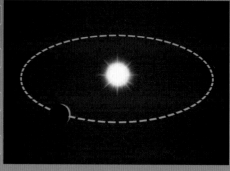

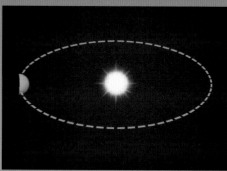

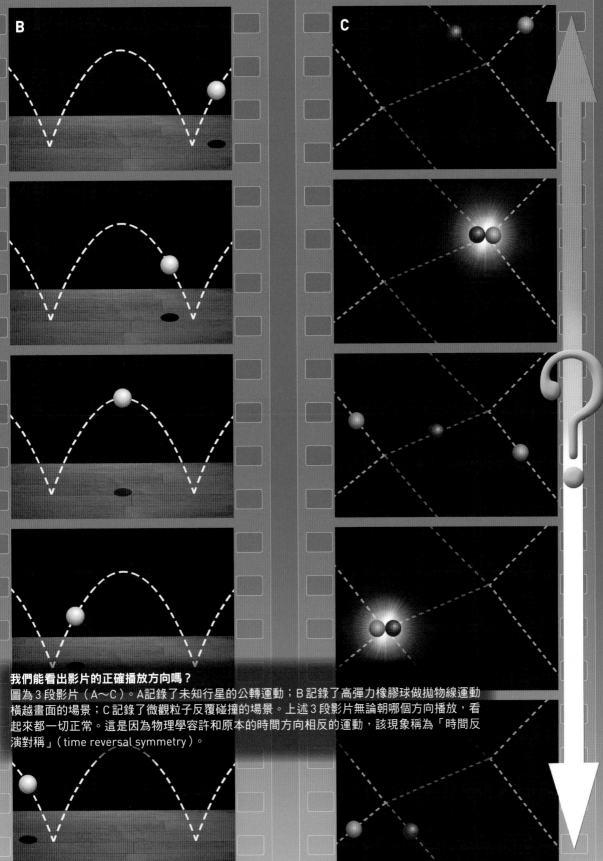

我們能看出影片的正確播放方向嗎？

圖為 3 段影片（A～C）。A記錄了未知行星的公轉運動；B記錄了高彈力橡膠球做拋物線運動橫越畫面的場景；C記錄了微觀粒子反覆碰撞的場景。上述 3 段影片無論朝哪個方向播放，看起來都一切正常。這是因為物理學容許和原本的時間方向相反的運動，該現象稱為「時間反演對稱」（time reversal symmetry）。

時間為什麼不能往過去進行？

咖啡和牛奶混合攪拌後
無法回復原狀

與 先前介紹的情形相反，在實際生活中我們也有許多場合能夠簡單判斷過去與未來。看看這幾張把牛奶倒入咖啡中「攪拌前」和「攪拌後」的插圖，一眼就能判斷哪一邊是過去，這是因為攪拌混合的咖啡和牛奶無法再次分離。

像這樣無法回復原狀的過程，在我們的身邊俯拾皆是。例如打破的杯子無法完好如初，在平坦地板上滾動後

A

B

過去

時間之箭

停止的球不會再往反方向滾回原處。這種在時間上無法朝反方向進行的過程稱為「不可逆過程」（irreversible process）。我們之所以能夠區分過去和未來，是因為有這種不可逆過程存在的緣故。

　　由於不可逆過程的存在，我們才會感覺時間從過去往未來單向進行。這種性質稱為「時間之箭」（arrow of time）。

何謂時間之箭？

把牛奶倒入咖啡中攪拌，會呈現如下圖A～D所示的變化，最終牛奶將會均勻地擴散到整個咖啡。該變化不曾被觀察到逆向進行，而這種「不可逆過程」呈現的時間性質稱為「時間之箭」。

C　　　　　　　　　　　　　　D

未來

何謂時間進行的關鍵「熵」？

著眼於龐大數量粒子的「散布程度」

牛頓力學等物理定律並不曾導出「時間之箭」的結論，那麼究竟是什麼樣的物理定律會導出時間之箭呢？

19世紀的物理學家波茲曼（Ludwig Boltzmann，1844～1906）認為，之所以會發生無法回復的不可逆過程，是因為其中具有龐大數量的原子及分子。當時原子和分子的存在尚未得到證實，不過仍有許多

配置組合只有1種
→熵值「低」

1.「混合前」牛奶的配置

「混合前的牛奶」可視為「6片白磚都集中在6×6方格盤最上排的狀態」。可排成該狀態的白磚配置組合只有1種，亦即「混合

度，改變的只有「分子」的「散布程度」而已。波茲曼提議把「粒子的散布程度」用「熵」（entropy）這個數值來表示。如果粒子的配置井然有序就代表「熵值較低」，如果粒子的配置散亂則代表「熵值較高」。

利用咖啡和牛奶思考熵值

「咖啡和牛奶的混合狀態」從微觀角度來看的話，是取決於「牛奶粒子在充滿咖啡之空間內的配置組合」。插圖將其簡化，描繪成「在對應咖啡的 6×6 ＝36 方格盤上，對應牛奶粒子的 6 片白磚其配置組合擺放」。

配置組合有 720 種
→熵值「高」

2.「混合後」牛奶的配置

「混合後的牛奶」是「6 片白磚散布在 6×6 方格盤各處的狀態」。若把白磚在縱橫各列都不重複的組合當作「散布的狀態」，則可排成該狀態的白磚配置組合有 720 種。熵值比「混合前」還

事物會隨著時間變得雜亂

當粒子數量增多就會出現「時間之箭」

把 1 個硬幣放在桌面上並搖晃桌子，則硬幣的面會隨著時間經過隨機朝上或朝下（1）。即使回溯時間來看這件事，也沒有不自然的地方。也就是說當硬幣只有 1 個的時候，其變化並不存在「時間之箭」。

可是當硬幣增加到 10 個時，回溯時間來看，就會出現不自然的變化（不可逆現象）（2）。也就是說，存在著時間之箭。

現在來思考一下熵值和「時間之箭」的關係吧！

在桌面上放置 10 個正面朝上的硬幣，然後敲打桌子使其晃動，藉此令硬幣隨機翻面。反覆幾次之後，正面朝上和背面朝上的硬幣數量應該會差不多。也就是說，硬幣通常會發生從「10 個都是正面朝上」到「正面、反面朝上各 5 個」的變化，但是反過來的情況卻很難發生。

井然有序的狀態（低熵值狀態）會隨著時間逐漸轉變成雜亂無章的狀態（高熵值狀態），這種現象稱為「熵增原理」（principle of entropy increase）。如果硬幣的數量不斷增加，則偶然間出現全部正面朝上的機會將越來越渺茫。

同樣地，與龐大數量原子有關的過程也幾乎無法回復。波茲曼認為便是因此導致了時間之箭的出現。

1. 硬幣只有「1個」時

時間之箭沒有出現

2. 硬幣有「10個」時

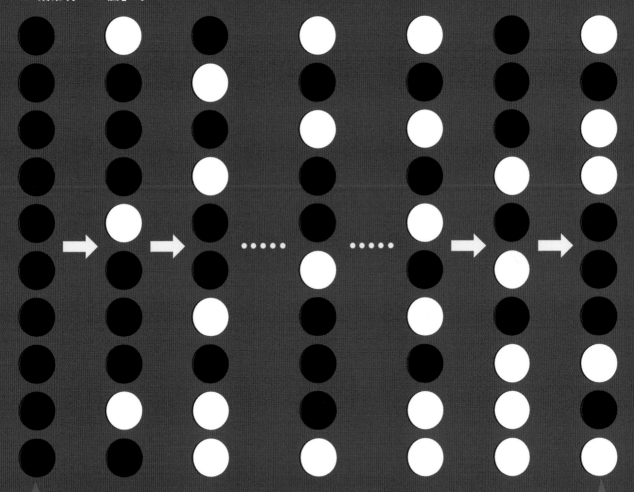

硬幣的配置組合有1種
→熵值「低」

硬幣的配置組合有252種
→熵值「高」

時間之箭出現

違反熵法則的生命體

給予能量就能逆轉「時間之箭」

熵值減少的情況

若要合成DNA（去氧核糖核酸）等構成生命體的分子，就必須把作為原料的單純結構分子正確地組合在一起，這就是熵值逐漸減少的過程。而能夠實現該過程的方式，便是透過照射到地球上的太陽能量。如果像這樣由外部給予能量，熵值就有可能減少。宇宙中所見的一切秩序（例如星系等）都是這樣創造出來的。

磷（P）

氮氣（N_2）

二氧化碳（CO_2）

水（H_2O）

熵值會隨著時間而增加，有秩序的事物會漸漸地崩解。但是在自然界裡，卻可以觀察到一些彷彿違反「時間之箭」、會隨著時間逐漸產生秩序的過程。其中一個例子就是「生命體」。

我們所擁有的DNA（去氧核糖核酸）由碳、氧、氮等各種原子所構成，是相當有秩序的構造。生命體誕生的過程乍看之下是熵值逐漸減少的現象。關於這一點，讓我們再次以10個硬幣來思考看看吧！

晃動10個硬幣時，如果我們耍詐直接動手把硬幣翻面，馬上就能讓10個硬幣通通正面朝上了。也就是說，如果從外部給予能量，就能在有限的範圍內減少熵值。

星系

宇宙中產生秩序

太陽給予地球的能量

糖

磷酸

熵值「減少」

熵值「減少」

鹼基

DNA
（去氧核糖核酸）

時鐘能正確劃分時間到什麼程度？

為了知道時間，前人們製造了各式各樣的時鐘。其精確度也逐步得到提升，到了17世紀已開發出了1天只有誤差10秒左右的時鐘。20世紀後時鐘有了飛躍性的進步，1927年出現的「石英鐘」（quartz clock）1個月的誤差只有15秒左右。

1955年，更精準的「銫原子鐘」（cesium atomic clock）問世了。所謂的銫原子鐘，是透過改變銫原子狀態來發出特定的共振頻率以取代鐘擺或石英的時鐘。現在「1秒」的定義是以銫原子鐘刻畫的1秒為基準。最新的原子鐘誤差極小，3000萬年只有1秒左右。

不過，如今又開發出了精確度更高的新式原子鐘，300億年才會產生1秒的誤差。這種時鐘名為「光晶格鐘」（optical lattice clock），精確度約為銫原子鐘的1000倍。

石英鐘
對石英（SiO_2的晶體）的薄片施加電壓，就會產生固定的振動週期。手錶常用的小型石英鐘週期為3萬2768分之1秒。石英鐘就是藉由計算振動次數，當數到3萬2768次就定為「1秒」。

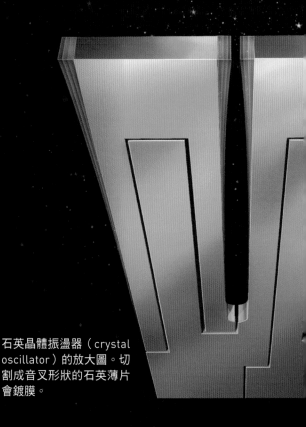

石英晶體振盪器（crystal oscillator）的放大圖。切割成音叉形狀的石英薄片會鍍膜。

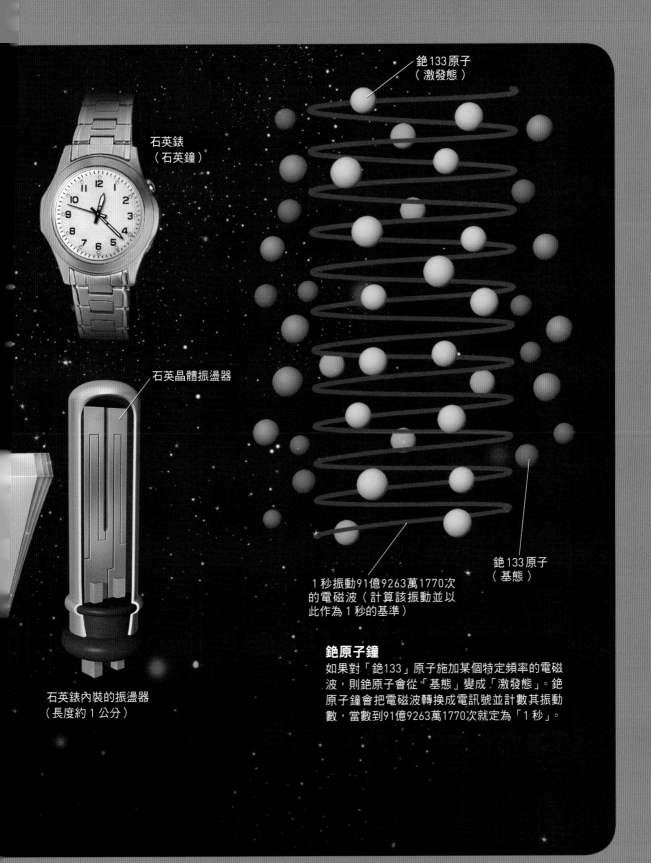

石英錶
（石英鐘）

石英晶體振盪器

石英錶內裝的振盪器
（長度約 1 公分）

銫133原子
（激發態）

銫133原子
（基態）

1 秒振動91億9263萬1770次
的電磁波（計算該振動並以
此作為 1 秒的基準）

銫原子鐘

如果對「銫133」原子施加某個特定頻率的電磁
波，則銫原子會從「基態」變成「激發態」。銫
原子鐘會把電磁波轉換成電訊號並計數其振動
數，當數到91億9263萬1770次就定為「1 秒」。

試想一下
時間旅行吧

如果浦島太郎的龍宮城是
高科技的「太空船」⋯⋯

從 這裡開始，我們來思考「時間旅行」的問題吧！日本傳說「浦島太郎」中，在海底「龍宮城」待過一段時間的主角回到地面時，那裡竟然成了一個沒有半個熟人的未來世界。這相當於一場前往未來的時間旅行。

根據狹義相對論，高速運動的物體其時間進行會變慢。假設龍宮城是一艘以99.995%光速（秒速約30萬公里）移動的太空船。根據計算結果，在龍宮城的 3 年相當於在地面的300年，看來浦島太郎的時間旅行的確能夠實現。

其實，同樣的現象實際上正在發生。從宇宙飛來的粒子（宇宙射線，cosmic ray）撞擊大氣會產生基本粒子「渺子」（muon），能夠在地面上觀測到。照理說渺子的「壽命」極短，原本在抵達地面之前就應該要滅失。不過，由於時間延遲的緣故，使渺子得以存活到超越了「壽命」的未來，因而能夠抵達地面。

前往未來的時間旅行實例

宇宙射線粒子撞擊大氣分子時，會產生名為「渺子」的基本粒子。原本渺子應該會在瞬間轉變（衰變）成其他的基本粒子，但實際上由於它以接近光速的速度行進，導致時間的進行比較慢，因而延長壽命抵達地面。渺子可以說是在進行前往未來的旅行。

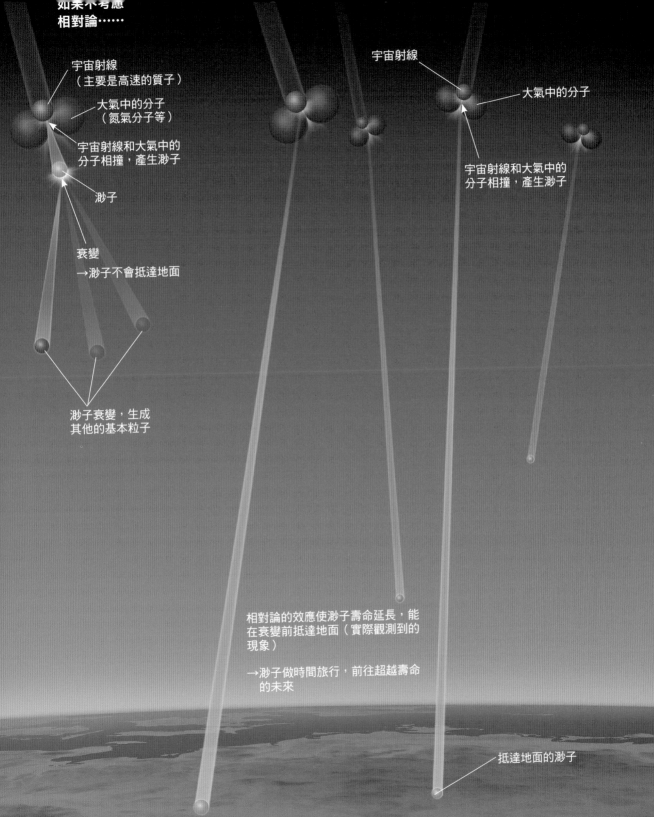

如果不考慮
相對論……

宇宙射線
（主要是高速的質子）

大氣中的分子
（氮氣分子等）

宇宙射線和大氣中的
分子相撞，產生渺子

渺子

衰變
→渺子不會抵達地面

渺子衰變，生成
其他的基本粒子

宇宙射線

大氣中的分子

宇宙射線和大氣中的
分子相撞，產生渺子

相對論的效應使渺子壽命延長，能
在衰變前抵達地面（實際觀測到的
現象）

→渺子做時間旅行，前往超越壽命
　的未來

抵達地面的渺子

利用巨大星球的未來旅行

如果繞行黑洞再回到地球的話⋯⋯

地球

根據廣義相對論，當靠近重力強大的天體時，時間的進行會變慢。宇宙中有許多會造成時間極端延遲的天體存在，「黑洞」（black hole）就是一個代表。黑洞是指具有強大重力，就連光也會一併吞噬掉的天體。

想像一下搭乘太空船前往黑洞附近的場景吧！在不被吞噬的前提下盡量靠近黑洞，接著花點時間在黑洞附近繞行，再返回地球。

如此就能製造出時間旅行的狀況：例如當地球上經過了100年，對太空船內的人來說只過了3年而已（前往97年後未來的時間旅行）。

③太空船回到2200年的地球
對於太空人來說只經過了3年，因此他們做了一趟前往97年後未來的時間旅行。

利用黑洞前往未來的旅行

在黑洞附近時間的進行會變慢。因此，飛到黑洞旁邊稍作停留再回到地球，便可達成前往未來的旅行。

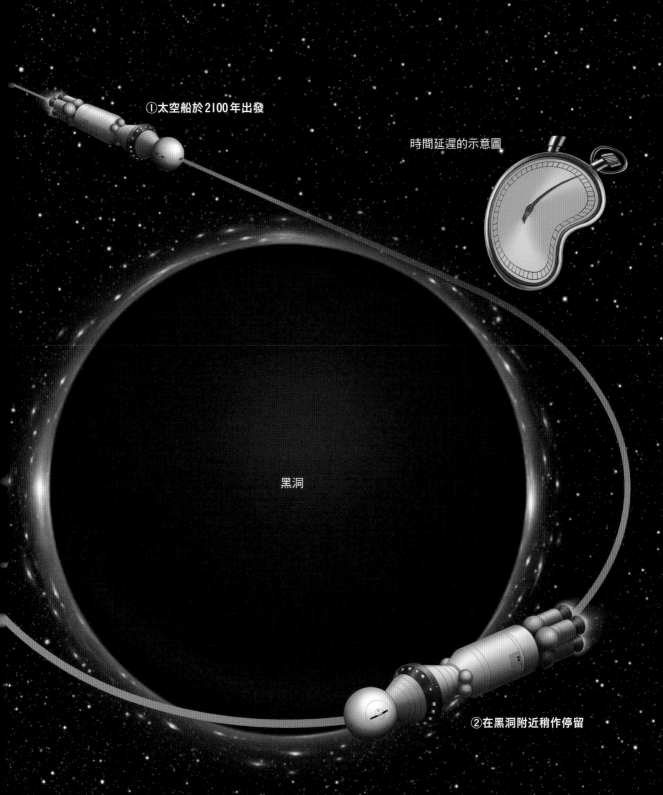

①太空船於2100年出發

時間延遲的示意圖

黑洞

②在黑洞附近稍作停留

回到過去
會發生問題
原因和結果的「因果關係」
崩壞會引發矛盾

到過去真的不可行嗎？

假設有一個名叫愛麗絲的少女進入「時光隧道」回到過去，後來發生了某些問題，使得愛麗絲後悔做了時間旅行。於是，她打算阻止過去的自己進入時光隧道。

假設她「阻止了」這件事，那麼愛麗絲就無法回到過去，而「無法阻止」過去的自己做時間旅行，於是產生了矛盾。下圖介紹的是另一個奇怪

回到過去的旅行所造成的奇怪狀態①
下圖所示為「回到過去阻止自己回到過去」的
狀況，這是個矛盾的假設。

回到過去的時間旅行

回到過去
的愛麗絲

現在想要進行時間
旅行的愛麗絲

時間的進行

愛麗絲

時光隧道
的出口

時光隧道
的入口

愛麗絲

2. 抵達過去

3. 能不能阻止過去的自己進入

1. 進入時光隧道的入口

的例子，也試著思考看看吧。

　　包括物理學在內的科學都有一個大前提，即因果關係（causality）——「一切現象凡是時間在前者為因」。如果能夠回到過去，結果（未來）就能影響原因（過去），會導致因果關係遭到破壞。許多科學家對於回到過去進行時間旅行的可能性都抱持著否定的看法。

回到過去的旅行所造成的奇怪狀態②

假設愛麗絲在某年買了一本由霍普撰寫的暢銷小說，然後她回到過去把這本小說拿給當時還沒有開始動筆寫小說的霍普。後來霍普把這本小說當成自己的作品發表且大為暢銷，那麼這本小說的作者究竟是誰？小說在愛麗絲做時間旅行之前就已經存在，如果真是這樣，小說的內容便是憑空冒出來的，這也是非常奇妙的狀況。

回到過去的時間旅行

2. 回到過去

3. 把小說交給作者，於是……？

1. 進入時光隧道的入口

若過去無法改變也就不會有矛盾，那……

如果沒有改變歷史，
或許就能回到過去

可以試著思考一下，在不發生矛盾的前提下回到過去的狀況，亦即設想「歷史絕對無法改變」。

左圖為撞球進行時間旅行回到過去的例子。球在 0 秒時從左下往右上行進，45秒後進入時光隧道的入口，倒退回30秒前的過去並從出口出來。然後球繼續直線前進，在第30秒的時間點與過去的自己相撞，導致球無法進入時光隧道 —— 這個情況會

回到過去會產生矛盾的時間旅行
這樣的時間旅行無法實現。

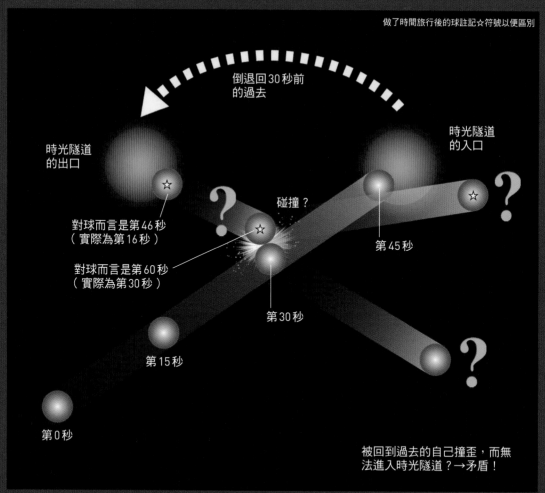

做了時間旅行後的球註記☆符號以便區別

倒退回30秒前的過去

時光隧道的出口

時光隧道的入口

碰撞？

對球而言是第46秒
（實際為第16秒）

對球而言是第60秒
（實際為第30秒）

第45秒

第30秒

第15秒

第0秒

被回到過去的自己撞歪，而無法進入時光隧道？→矛盾！

產生矛盾。

但是在右圖中，球在 0 秒時一樣從左下往右上行進，30秒後撞上「某個東西」，使得路徑稍微偏移而進入時光隧道的入口。於是，球倒退回30秒前的過去並從出口出來，然後球繼續直線前進，在第30秒的時間點與過去的自己相撞。

也就是說，出發起30秒後撞上的「某個東西」就是未來的自己。如果

是這種回到過去的時間旅行則不會產生矛盾。但是，若參考前頁愛麗絲的例子來思考這件事，就會變成即使我們以為自己是依照「自由意志」在行動，其實早就「已經發生」在歷史當中了。

回到過去不會產生矛盾的時間旅行
這樣的時間旅行或許能夠實現。

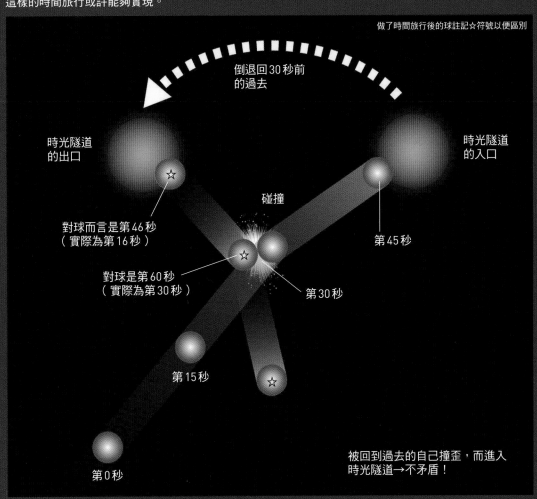

做了時間旅行後的球註記☆符號以便區別

倒退回30秒前的過去

時光隧道的出口

時光隧道的入口

碰撞

對球而言是第46秒
（實際為第16秒）

第45秒

對球是第60秒
（實際為第30秒）

第30秒

第15秒

第0秒

被回到過去的自己撞歪，而進入時光隧道→不矛盾！

註：兩張插圖是參考《Black Holes and Time Warps》（Kip Thorne著，白揚社）的插圖繪製而成

在平行世界中，
過去能被改變嗎？

如果改變過去，便會在那裡誕生另一個世界？

為了解決回到過去之旅所發生的矛盾，有些科學家提出了「平行世界」（parallel world）的構想。

假設有一種放射性物質的原子核半衰期（整體有一半衰變成其他原子核所需的時間）為 1 天，則原子核「在 1 天以內衰變的機率」是50%，「過了 1 天仍未衰變的機率」也是50%（左頁圖）。如果實際上觀測到原子核的衰變，則依照量子論的機率詮釋（probability interpretation），

**量子論的一般詮釋
（機率詮釋）**

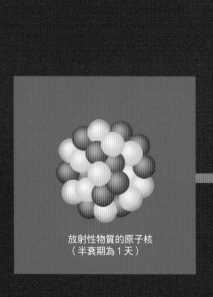

放射性物質的原子核
（半衰期為 1 天）

50 %

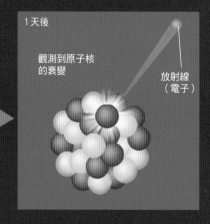

1天後

觀測到原子核的衰變

放射線（電子）

1天後

原子核沒有衰變

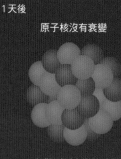

50 %

在觀測到衰變的時間點，這個可能性「消失」了

量子論中的「機率詮釋」主張「基本粒子的行為只能透過機率進行預測」。一個原子核會不會在某段時間後衰變，只能透過機率來預測。在觀測前，「衰變的狀態」和「未衰變的狀態」是「相互疊加」的。在觀測到原子核衰變的時間點，「疊加」狀態就會消失。

「過了 1 天仍未衰變」的可能性「消失」了。

不過，「多世界詮釋」（many-worlds interpretation）則主張有另一個世界（平行世界）存在，而原子核仍未衰變的可能性在那個世界並沒有消失。也就是說，「原子核在 1 天以內衰變的世界」和「原子核過了 1 天仍未衰變的世界」是並存的（右頁圖）。如果認同這個多世界詮釋，那麼回到過去之旅所發生的矛盾就解決了。即使進行時間旅行回到過去並改變了歷史，時間旅行者也只是轉移到了「和原本的未來不同的另一個歷史世界」，所以原本的未來依舊存在，因而不會發生矛盾。

多世界詮釋所設想的回到過去之旅

量子論的一般詮釋（左）和多世界詮釋（右）的比較。依據多世界詮釋，即使改變了歷史也會產生另一個世界，而原本的世界依舊不變，所以不會發生矛盾。

量子論的多世界詮釋

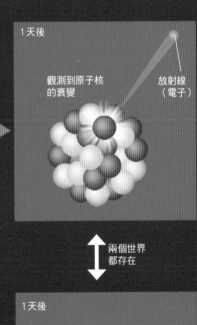

1天後

觀測到原子核
的衰變

放射線
（電子）

50 %

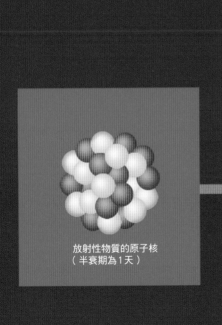

世界分歧

放射性物質的原子核
（半衰期為1天）

兩個世界
都存在

1天後

50 %

原子核沒有衰變
（沒有觀測到衰變）

量子論的「機率詮釋」適用於微觀層次，多世界詮釋則將其擴展至整體世界。機率容許了多個世界存在，我們實際經歷的現實只是其中的某一個。雖然在數學上和機率詮釋同等，但無法從一個世界確認其他世界是否存在。因此，我們無法藉由實驗證明這個詮釋是否正確。

Coffee Break

能利用「蟲洞」回到過去嗎？

回 到過去的時間旅行如果是利用「蟲洞」（wormhole），在理論上（不是「技術上」）或許可行。

蟲洞也被稱為「時空隧道」。聽起來有點像是漫畫《哆啦A夢》裡面的「任意門」，只要打開任意門就能瞬間移動到遙遠的地方。以蟲洞來說，太空船只要進入蟲洞的出入口，便能

何謂蟲洞？

假設地球和織女星旁邊有個蟲洞的出入口，相對於在宇宙空間行進（太空船X），穿過蟲洞會比較快抵達（太空船Y）。

省略高度方向描繪而成的示意圖

蟲洞的出入口A

地球

太空船Y

太空船X

蟲洞

蟲洞的出入口B

織女星
（距離地球25光年）

本圖為了把空間的扭曲（蟲洞的構造）視覺化，省略了高度方向。為了方便說明，把宇宙空間描繪成U字型曲面。上下面之間是所謂的超宇宙而非我們的宇宙。

瞬間從另一個出入口出來。兩個出入口把相隔遙遠的空間連在一起。如果善用這個蟲洞，就有可能進行回到過去的時間旅行（右頁圖）。

　　已知蟲洞和廣義相對論並不矛盾。不過，目前尚未確定蟲洞是否實際存在於宇宙中，所以這充其量只是一種理論。

地球

出入口A

出入口B（2100年從地球旁邊以接近光速的速度開始移動）

2100年起
經過100年

2200年從地球出發的太空船飛入返回的出入口B（2103年）

出入口B為對地球而言的2200年返回。不過，由於時間的延遲效應，出入口B的時間為2103年。

地球（2103年）

出入口A（2103年）

出入口B和2103年的出入口A相連，從出入口A出來的太空船做了回到97年前的時間旅行

出入口B在移動中

利用蟲洞回到過去的時間旅行
需要一個能夠穿過的蟲洞，以及能以接近光速的速度移動其出入口的「絕技」。若能成功，則回到過去的時間旅行或許就有可能實現。

關於「時間」的話題在此告一個段落。從古早的時代開始，人們就懂得依照一定的節奏刻畫時間。但即使經過相同的時間，有些人覺得很慢而有些人覺得很快，本書說明了各種可能的原因。此外，也介紹了調適生理時鐘的方法，以便符合現代社會的生活型態。

從物理學的角度來看，時間真的是非常不可思議的存在。或許時間不是連續的東西，還會拉長或縮短，這和我們的認知有很大的不同吧！理論上，回到過去和前往未來的時間旅行或許可行，這件事是不是令人感到十分詫異呢？

不妨讓我們花點時間，想想看「時間到底是什麼」吧。

人人伽利略 科學叢書15

圖解悖論大百科
鍛練邏輯思考的50則悖論

　　電車直走會撞到5個人，那調換方向改撞到2個人這樣合理嗎？飛毛腿阿基里斯為什麼跑不贏烏龜？我們能穿梭時光隧道，回到過去改變歷史嗎？這些看似正確卻導出矛盾結論的問題稱為「悖論」。

　　本書列舉50則涉及經濟、哲學、物理、數學、宇宙等領域，形式也各不相同的悖論，深富趣味性。許多悖論至今仍無正確解答，讓科學家們傷透了腦筋。藉由閱讀本書培養邏輯思考的能力，沉浸在思辨和動腦的樂趣吧！

定價：380元

人人伽利略 科學叢書29

解密相對論
說明時空之謎與重力現象的理論

　　相對論聽起來深奧遙遠，但它可以解釋太陽為何可以持續燃燒數十億年，還有鐵被磁鐵吸引的原因。GPS定位系統也是靠著相對論的計算，才得以減少傳遞資訊的時間差。相對論是時間、空間相關的革命性理論，也是現代物理學的重要基礎。

　　根據相對論，時間跟空間都會伸縮。那麼，我們是否能夠回到過去或前往未來？有可能進行星際旅行嗎？為物理學帶來巨大貢獻的相對論，與生活還有什麼關聯性呢？趕緊透過本書感受相對論的魅力吧！

定價：500元

【 少年伽利略 30 】

時間
探索謎團重重的時間本質

作者／日本Newton Press
特約編輯／謝育哲
翻譯／黃經良
編輯／蔣詩綺
發行人／周元白
出版者／人人出版股份有限公司
地址／231028 新北市新店區寶橋路235巷6弄6號7樓
電話／（02）2918-3366（代表號）
傳真／（02）2914-0000
網址／www.jjp.com.tw
郵政劃撥帳號／16402311 人人出版股份有限公司
製版印刷／長城製版印刷股份有限公司
電話／（02）2918-3366（代表號）
經銷商／聯合發行股份有限公司
電話／（02）2917-8022
香港經銷商／一代匯集
電話／（852）2783-8102
第一版第一刷／2022年9月
定價／新台幣250元
　　　港幣83元

國家圖書館出版品預行編目（CIP）資料

時間：探索謎團重重的時間本質
日本Newton Press作；
黃經良翻譯. -- 第一版. --
新北市：人人出版股份有限公司, 2022.09
面；公分. —（少年伽利略；30）
譯自：Newtonライト2.0時間
ISBN 978-986-461-305-2（平裝）
1.CST：理論物理學 2.CST：時間
331　　　　　　　　　　　　111012229

Staff

Editorial Management	木村直之
Design Format	米倉英弘＋川口 匠（細山田デザイン事務所）
Editorial Staff	上月隆志，谷合 稔

Photograph

4〜5	Stas Vulkanov/Shutterstock.com	30〜31	rachaphak/stock.adobe.com
6	debasige/Shutterstock.com	32〜33	naka/stock.adobe.com
18	areebarbar /stock.adobe.com	34〜35	ohayou!/stock.adobe.com
19	Studio Romantic/stock.adobe.com	36〜37	Seventyfour/stock.adobe.com

Illustration

Cover Design	宮川愛理	10〜15	Newton Press
2〜3	Newton Press	16〜17	荻野瑶海
7	Newton Press	20〜29	Newton Press
8〜9	Newton Press（BodyParts3D, Copyright© 2008 ライフサイエンス統合データベースセンター licensed by CC表示－継承2.1 日本 (http://lifesciencedb.jp/bp3d/info/license/index.html) を加筆改変）	38〜67	Newton Press
		68〜69	小林 稔
		70〜73	荻野瑶海
		74〜77	Newton Press